Christoph Reimers,

Vom Getreideacker zum Gewerbegebiet

Die Auswirkungen des Flächenverbrauchs
auf die Landwirtschaft in Deutschland

Diplomica® Verlag GmbH

Reimers, Christoph: Vom Getreideacker zum Gewerbegebiet: Die Auswirkungen des Flächenverbrauchs auf die Landwirtschaft in Deutschland, Hamburg, Diplomica Verlag GmbH 2011

ISBN: 978-3-86341-003-2
Druck Diplomica® Verlag GmbH, Hamburg, 2011
Zugl. Universität Hohenheim, Stuttgart, Deutschland, Bachelorarbeit, 2009

Bibliografische Information der Deutschen Nationalbibliothek:
Die Deutsche Nationalbibliothek verzeichnet diese Publikation in der Deutschen Nationalbibliografie;
detaillierte bibliografische Daten sind im Internet über http://dnb.d-nb.de abrufbar.

Die digitale Ausgabe (eBook-Ausgabe) dieses Titels trägt die ISBN 978-3-86341-503-7
und kann über den Handel oder den Verlag bezogen werden.

Inhaltsverzeichnis

Abbildungsverzeichnis

Tabellenverzeichnis

Abkürzungsverzeichnis

ARL	Akademie für Raumforschung und Landesplanung
BBodSchG	Gesetz zum Schutz vor schädlichen Bodenveränderungen und zur Sanierung von Altlasten – (Bundesbodenschutzgesetz)
BBR	Bundesamt für Bauwesen und Raumordnung
BMU	Bundesministerium für Umwelt, Naturschutz und Reaktorsicherheit
BiB	Bundesinstitut für Bevölkerungsforschung
BVB	Bundesverband Boden
DVB	Deutscher Bauernverband
FAL	Bundesforschungsanstalt für Landwirtschaft
GAP	Gemeinsame Agrarpolitik der Europäischen Union
IÖR	Leibniz-Institut für ökologische Raumentwicklung e. V.
NBBW	Nachhaltigkeitsbeirat Baden-Württemberg
ROG	Raumordungsgesetz
SRU	Der Rat von Sachverständigen für Umweltfragen
StaBa	Statistisches Bundesamt
StÄL	Statistische Ämter der Länder
StaLA BW	Statistisches Landesamt Baden-Württemberg
UBA	Umweltbundesamt

1 Einleitung und Grundlagen

1.1 Einleitung

Ziel der vorliegenden Arbeit ist es, die Auswirkungen der anhaltenden Inanspruchnahme von Flächen für Siedlungs- und Verkehrszwecke auf die Folgen für die Landwirtschaft in Deutschland anhand der verfügbaren Fachliteratur zu beschreiben.

Nach einer Einführung in die Begrifflichkeiten erfolgt eine Bestandsaufnahme der Bodennutzung in Deutschland. Dabei werden die Veränderungen der Flächennutzung, die ihr zugrunde liegenden Ursachen und die davon ausgehenden Effekte beschrieben. Anschließend werden die Effekte in ihrer Wirkung auf die Landwirtschaft untersucht. Im Hinblick auf Tendenzen und Lösungsansätze werden abschließend zukünftige Herausforderungen an die Landwirtschaft, Prognosen des erwarteten zukünftigen Flächenverbrauchs und der Stand des politischen Handelns in Deutschland beschrieben.

1.2 Die Ressource Boden

Böden bilden die belebte oberste Erdkruste des Festlandes.[1] Sie entwickeln sich in verschiedenen, langsam ablaufenden Prozessen über Jahrtausende aus unterschiedlichen Gesteinen und anderen Materialien.[2] Die Oberfläche der Böden stellt die Fläche dar, dessen Verbrauch Gegenstand der vorliegenden Untersuchung ist.

Böden erfüllen verschiedene Funktionen. Im Bundesbodenschutzgesetz wird dabei zwischen natürlichen Funktionen im Naturhaushalt, Funktionen als Archiv der Natur- und Kulturgeschichte und Nutzungsfunktionen unterschieden. In die dritte Kategorie fällt sowohl die Nutzung als Landwirtschaftsstandort als auch die Inanspruchnahme für Siedlungs- und Verkehrszwecke.[3] Die Oberfläche von Böden ist nicht bzw. nur äußerst bedingt vermehrbar. Sie gilt daher als begrenzt.[4] Im Zusammenspiel mit der Multifunktionalität der Böden führt dies zu einer Konkurrenz der potentiellen

---

[1] Vgl. Scheffer & Schachtschabel (2002), S. 1.
[2] Vgl. Stahr et al. (2008), S. 12.
[3] Vgl. BBodSchG § 2, Abs. 2 mit letzter Änderung vom 09.12.2004.
[4] Vgl. Töpfer (2002), S. 1.

Nutzungsformen. Aus Sicht der landwirtschaftlichen Nutzung stellt der Boden den entscheidenden und unverzichtbaren Produktionsfaktor dar.[5]

1.3 Flächenverbrauch

Der Begriff „Flächenverbrauch" bezeichnet die Inanspruchnahme von Freifläche für Siedlungs-, Verkehrs- und Gewerbenutzung.[6] Freifläche bzw. Freiraum stellt dabei die Summe aller natürlichen und naturnahen Flächen dar, die sich sowohl innerhalb als auch außerhalb von Siedlungen befinden. Dazu zählen unter anderem landwirtschaftliche Nutzflächen, Wälder, Gewässer, Parks und Grünflächen.[7]

Dem Ausdruck „Flächenverbrauch" haftet zunächst etwas Widersprüchliches an: Fläche als Oberfläche von Böden wird nicht verbraucht. Sie bleibt in ihrer Größe bestehen wenn ein Stück Ackerland zu einem Parkplatz umfunktioniert wird. Dennoch eignet sich aus landwirtschaftlicher und landschaftlicher Perspektive der Verbrauch zur Beschreibung der Inanspruchnahme von Freifläche. Die meisten natürlichen oder landwirtschaftlichen Funktionen des Bodens werden durch die Nutzungsänderungen im Zuge der Bebauung überwiegend irreversibel eingeschränkt und damit auf lange Zeit „verbraucht".[8]

---

[5] Vgl. DBV (2009a), S. 4.
[6] Vgl. Tesdorpf (1984), S. 11-13.
[7] Vgl. BBR (2005), S. 167.
[8] Vgl. Wissenschaftlicher Beirat Bodenschutz beim BMU (2000), S. 18.

2 Der Flächenverbrauch in Deutschland

2.1 Fläche nach Art der tatsächlichen Nutzung

Daten zur Flächennutzung ergeben sich aus der „Erhebung der Bodenfläche nach Art ihrer tatsächlichen Nutzung". Diese wird seit 1979 im Abstand von vier Jahren vom Statistischen Bundesamt durchgeführt. Seit 1992 existieren gesamtdeutsche Daten. Ergänzt wird diese Erhebung seit 2001 durch eine jährliche Erfassung der Siedlungs- und Verkehrsfläche.[9]

Nutzungsarten, die durch vorwiegend siedlungswirtschaftliche Zwecke gekennzeichnet sind, werden dabei als „Siedlungs- und Verkehrsfläche" zusammengefasst.[10] In ihrer Zusammensetzung aus „Gebäude- und Freiflächen", „Betriebsflächen", „Erholungsflächen" sowie Flächen für „Friedhöfe" können sie mit überbauter oder verbrauchter Fläche gleichgesetzt und als Indikator für den Flächenverbrauch verwendet werden.[11]

In Tabelle 2 ist die Flächennutzung in Deutschland mit ihren Veränderungen zwischen den Erhebungszeiträumen von 1992 bis 2004 dargestellt. Die Landwirtschafsfläche nahm im Jahre 2004 mit 53% gut die Hälfte der Grundfläche Deutschlands ein. Mit ca. einem Drittel (29,8%) folgte der Wald. Siedlungen und Verkehr beanspruchten 12,8 % des Bodens. Wasser (2,3%) und Flächen anderer Nutzung (1,6%) bedeckten den Rest des Bundesgebietes. Fläche anderer Nutzung ist dabei unbebautes Gelände, das in keine der vorherigen Kategorien passt, wie z.B. Übungsgelände, Lärmschutz, Deiche und historische Anlagen.[12] Die größten Anteile innerhalb der Siedlungs- und Verkehrsfläche entfallen auf die Gebäude- und Freifläche (52,5%) sowie die Verkehrsinfrastruktur (38,3%).

---

[9] Vgl. StaBa (2008a), S. 3.
[10] Vgl. StaBa (2005), S. 26.
[11] Vgl. Jörissen & Coenen (2007), S. 35 f.
[12] Vgl. StaBa (2008b), S. 18.

Tabelle 1: Flächennutzung in Deutschland[13]

Nutzungsart	1992	1996	2000	2004	1992 – 2004 Veränderung in %	2004 Anteil in %
Landwirtschaftsfläche	195112	193075	191028	189324	-2,9	53,0
Waldfläche	104536	104908	105314	106488	+1,8	29,8
Wasserfläche	7837	7940	8085	8279	+5,6	2,3
Siedlungs- und Verkehrsfläche	40305	42052	43939	45621	+16,1	12,8
Flächen anderer Nutzung	7630	7162	6869	5573	-26,9	1,6
Bodenfläche insgesamt	356970	357030	357031	357050	-	100

Alle Angaben in km^2

In dem Betrachtungszeitraum von 1992-2004 hat sich die Flächennutzung in Deutschland verändert. Während sich die Nutzung für Siedlungen und Verkehr, Wald und Wasser vergrößerte, gingen die Landwirtschaftsfläche und die Flächen anderer Nutzung zurück. Ein Blick auf die täglichen Veränderungen der Bodennutzung verdeutlicht, dass die Entwicklung der Landwirtschaftsfläche und der Siedlungs- und Verkehrsfläche dabei gegenläufig ist.

---

[13] Vgl. StaBa (2005), S. 16 f.

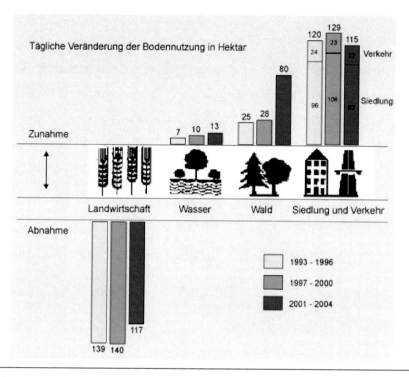

Abbildung 1: Tägliche Veränderung der Bodennutzung in Hektar[14]

Wie Abbildung 1 zeigt, stieg die Bodennutzung für Verkehr und Siedlungen in den Beobachtungszeiträumen in einem Ausmaß an, der in etwa dem Rückgang der Landwirtschaftsfläche entspricht. Die Abnahme des täglichen Flächenverbrauchs für Siedlungs- und Verkehrszwecke im Zeitraum von 2001 bis 2004 verdeutlicht den Zusammenhang. In dieser Periode war die Landwirtschaftsfläche entsprechend schwächer rückläufig. Mit der anhaltenden Verringerung der Landwirtschaftsfläche bei wachsender Siedlungs- und Verkehrsfläche setzt sich eine Entwicklung fort, die schon in den alten Ländern der Bundesrepublik und der DDR vor 1990 zu beobachten war.[15]

Abbildung 1 zeigt ebenfalls, dass der Anteil der Siedlungen an der Flächennutzung deutliche stärker zunimmt als der des Verkehrs. Eine genaue Analyse ergibt, dass private Haushalte dabei mit 60 ha/Tag den Flächenverbrauch dominieren.[16]

---

[14] Vgl. BBR (2006a).
[15] Vgl. Eckart & Wollkopf (1994), S. 43-45.
[16] Vgl. Jörissen & Coenen (2007), S. 38.

Für die Siedlungs- und Verkehrsfläche liegen aufgrund der unterschiedlichen Erhebungsintervalle aktuelle Daten für 2007 vor. Die Siedlungs- und Verkehrsfläche nahm dabei um 96, 2 ha/Tag zu.[17]

Räumlich differenziert betrachtet weist der Flächenverbrauch einen starken Unterschied zwischen Ost- und Westdeutschland auf. Im Zeitraum zwischen 1992 und 2004 wurden ca. zwei Drittel der bebauten Freiflächen auf dem Gebiet der alten Bundesrepublik beansprucht.[18] Absolut am meisten Fläche wurde dabei in den Bundesländern Baden-Württemberg, Bayern, Niedersachsen und Nordrhein-Westfahlen verbraucht.[19]

2.2 Ursachen des Flächenverbrauchs

Mit dem Übergang vom Jäger und Sammler zum sesshaften Landbewirtschafter vor rund 10000 Jahren trat der Mensch zum ersten Mal als Bewirtschafter von Fläche auf, deren Form sich von einer überwiegenden naturintegrierten Nutzung unterschied. Dieser als Neolithische Revolution bezeichnete Übergang stellt einen bedeutenden Punkt in der zivilisatorischen Entwicklung dar. Der Mensch begann die Landschaft zu gestallten.[20]

In den darauf folgenden Jahrtausenden entwickelten die Menschen Wirtschaftsformen, die weitestgehend an der Natur und der photosynthetischen Produktivität ausgerichtet waren. Dieses Verhältnis änderte sich grundlegend durch den „Übergang vom solaren zum fossilen Energiesystem" um 1800.[21] Damals wurde Kohlevorräte durch Bergwerke in immer größerem Ausmaß erschlossen, um so das knapp werdende Holz als Energieträger zu substituieren. Siedlungen, Industrie und Wirtschaft konzentrierten sich zunehmend im Raum. Die damit einhergehende Umgestaltung der Kulturlandschaften, die bis heute anhält, ist eine Folge dieser „Großen Transformation".[22] Sie läutete ein neues Zeitalter der kulturellen Evolution ein. Vom „Stadium der agrarisch-forstlichen Landnutzung" folgte der Sprung zur „Stadtkultur" und von dort zum „Stadium der Industrie und Hochenergietechnik".[23] Dies ist der historische Kontext, welcher dem

---

[17] Vgl. StaBa (2008b), S. 3.
[18] Vgl. BBR (2005), S. 53.
[19] Vgl. StaBa (2005), S. 16 f.
[20] Vgl. Junker (2006), S. 107-111.
[21] Vgl. Radkau (2000), S. 262.
[22] Vgl. Ehlers (2008), S.139.
[23] Vgl. Haber (1993), S. 58 f.

starken Bevölkerungswachstum, der modernen Wirtschaftsentwicklung und dem damit einhergehenden Flächenverbrauch den Weg geebnet hat.

Grundsätzlich gilt, dass der Bau von Gebäuden und Straßen zunächst einen entsprechenden Bedarf nach diesen Gütern voraussetzt. Weiterhin sind ausreichende finanzielle Mittel erforderlich, um diesen Bedarf nachfragen zu können.[24] Der Einzug der industriellen Revolution in Deutschland brachte beide Faktoren mit sich und führte zu einem konstanten Zuwachs der Fläche für Siedlungen und Verkehrszwecke.[25] Seit den 1970er Jahren ist der Flächenverbrauch jedoch weitgehend von der wirtschaftlichen und der demographischen Entwicklung entkoppelt.[26]

Die treibenden Kräfte für den entkoppelten Flächenverbrauch unterscheiden sich in Faktoren auf der Nachfrage- und Angebotsseite. Mit der wirtschaftlichen Entwicklung der Bundesrepublik in den letzten 60 Jahren stieg der Wohlstand der Bevölkerung. Das Bruttoinlandsprodukt pro Kopf als Wohlfahrtsindikator nahm von 1950 bis 2008 von 1059 € um ca. 3000% auf 30 337 € zu.[27] Wohlstandsinduzierte gesellschaftliche Veränderungen führten zu steigenden Wohnraumansprüchen, veränderten Haushaltsgrößen zugunsten von Klein- und Einfamilienhaushalten und erhöhten den Individualverkehr. Dies mündete in einer erhöhten Flächennachfrage.[28] Das Bodenpreisgefälle zwischen unmittelbarem Kernstadtbereich, Umland der Agglomerationsräume und ländlichem Raum verursachte dabei einen Sog der Bautätigkeit in immer agglomerationsfernere Gebiete.[29] Die niedrigeren Preise für Bauland abseits der Ballungsräume begünstigten dabei flächenintensive Bauformen. Diese Entwicklung gilt sowohl für privates als auch für gewerbliches Bauen.[30]. Der anhaltende Druck auf Baulandflächen abseits der Agglomerationsräume führt dort jedoch zu einem Anstieg des Bodenpreisniveaus, wodurch die Bautätigkeit in immer ländlichere Räume gedrängt wird.[31]

---

[24] Vgl. StaLa BW (2005), S. 27.
[25] Vgl. BBR (2005), S. 54.
[26] Vgl. Siedentop et. al (2009), S. 47.
[27] Vgl. StaBa (2009).
[28] Vgl. Schaal (2002), S. 162.
[29] Vgl. BBR (2003).
[30] Vgl. Hennings (2001), S. 5 f.
[31] Vgl. Jörissen & Coenen (2007), S. 41.

Auf der Angebotsseite mangelt es an baureifen Flächen in bestehenden Siedlungen.[32] Für die Kommunen ist es attraktiv neues Bauland auszuweisen, um Einwohner, Beschäftigte und Gewerbegebiete als potentielle Steuerzahler anzuwerben. Durch die Raumordnungs- und Bauleitpläne haben die Gemeinden die größte Befugnis bezüglich des Ausweisens von Bauflächen.[33] Die Inanspruchnahme von Freifläche wird somit begünstigt.[34]

2.3 Symptome des Flächenverbrauchs

Von der Überbauung der Freifläche gehen unterschiedliche Effekte aus.[35] Diese werden zunächst beschrieben, um sie im folgenden Kapitel in ihrer spezifischen Wirkung auf die Landwirtschaft zu untersuchen.

2.3.1 Direkter Flächenbedarf

Die meisten Nutzungen der Bodenoberfläche schließen sich gegenseitig aus, so dass sie in Konkurrenz zueinander stehen. Durch die quantitative Ausdehnung einer Nutzungsart muss die Erfüllung anderer Funktionen auf derselben Fläche weichen. Eine Multifunktionalität ist zwar teilweise möglich. Ein zunehmender Flächenverbrauch führt jedoch zu einem Rückgang von natürlichen und naturnahen Flächen mit den darauf wahrgenommenen Bodenfunktionen und Nutzungsarten.

2.3.2 Strukturelle Veränderungen

Die Zunahme der Siedlungs- und Verkehrsfläche bewirkt eine ansteigende Segmentierung der Landschaft.[36] In der Folge sind in Deutschland immer weniger unzerschnittene und verkehrsarme Räume anzutreffen.[37] Die zunehmende Landschaftszerschneidung führt zur Verkleinerung und Störung von natürlichen Habitaten, woraus wiederum ein Rückgang der Artenvielfalt im gesamten Naturhaushalt resultiert.[38]

---

[32] Vgl. Siedentop (2005), S. 13.

[33] Vgl. Bundesregierung (2002), S. 288.

[34] Vgl. Jörissen & Coenen (2007), S. 79.

[35] Vgl. Jaeger (2001), S. 26.

[36] Vgl. Roth et al. (2006), S. 143.

[37] Vgl. Scholich (1999), S. 63 f.

[38] Vgl. Roth et al. (2006), S. 145.

Weiterhin wird durch die Ausdehnung der Siedlungs- und Verkehrsfläche das Wege- und Straßennetz ständig erweitert und verändert.[39]

2.3.3 Indirekter Flächenbedarf

Auf der Siedlungs- und Verkehrsfläche finden eine Vielzahl von Prozessen statt, deren Auswirkungen über die unmittelbar beanspruchte Fläche hinausgehen. Vor allem die Emission von Schadstoffen, aber auch Lärm und Unfallgefahren erweitern den umweltrelevanten Wirkungsbereich der überbauten Fläche über ihre physischen Grenzen hinaus.[40]

---

[39] Vgl. Friedrichs (2009), S. 33.
[40] Vgl. Scholich (1999), S. 65 f.

3 Auswirkungen des Flächenverbrauchs auf die Landwirtschaft

3.1 Die Landwirtschaft in Deutschland

Die Landwirtschaft in Deutschland erfährt einen tiefgreifenden Strukturwandel, der in allen Industrieländern in ähnlichem Verlauf zu beobachten ist. Zu Beginn der ökonomischen Entwicklung dominierte der landwirtschaftliche Sektor das Wirtschaftsgeschehen. Mit fortschreitender Wirtschaftsentwicklung änderte sich diese Stellung.[41] Das Wirtschaftswachstum basierte zunächst hauptsächlich auf dem Industrie-, später dann auf dem Dienstleistungssektor.[42] Während dieser Entwicklung wurde die Landwirtschaft zunehmend mit der restlichen Volkswirtschaft verflochten und geriet so in Abhängigkeit der gesamtwirtschaftlichen Entwicklungen. Gleichzeitig änderte sich mit steigendem Wohlstand das Konsumverhalten der Bevölkerung. Das Wachstum der Nahrungsmittelnachfrage nahm ab während die Nachfrage nach gewerblichen Konsumgütern anstieg. In der Folge sank der Anteil der Landwirtschaft am Sozialprodukt.[43]

Parallel dazu konnte in der landwirtschaftlichen Erzeugung durch die Einführung des technischen Fortschritts eine enorme Produktivitätssteigerung erzielt werden, die deutlich über der der anderen beiden Wirtschaftssektoren lag. Die Abnahme des Nachfragewachstums bei gleichzeitigem hohen technischen Fortschritt führten dabei zu einem Anpassungsdruck auf landwirtschaftliche Betriebe.[44] Die Anzahl der Betriebe und der Erwerbstätigen in der Landwirtschaft nahm kontinuierlich ab, während die durchschnittliche Betriebsgröße anstieg.[45] Dieser Prozess hält bis heute an.[46] Für eine

---

[41] Vgl. Henrichsmeier & Witzke (1991), S. 19.
[42] Vgl. Henrichsmeier & Witzke (1991), S. 32.
[43] Vgl. Henrichsmeier & Witzke (1991), S. 19.
[44] Vgl. Henrichsmeier & Witzke (1991), S. 34.
[45] Vgl. Henrichsmeier & Witzke (1991), S. 19.
[46] Vgl. DBV (2009a), S. 101.

Betriebsaufgabe sind dabei vor allem hohe außerbetriebliche Opportunitätskosten der Produktionsfaktoren Boden, Arbeit und Kapital von Bedeutung.[47]

3.2 Auswirkungen des direkten Flächenverbrauchs

Der Zuwachs der Siedlungs- und Verkehrsfläche verringert die Landwirtschaftsfläche. Ein betroffener Landwirt verliert durch den Flächenverbrauch zunächst also eigene und gepachtete Fläche. Daneben entstehen jedoch auch weitere Benachteiligungen in Form einer potentiellen Wertminderung der Restfläche durch Verkleinerung, Deformierung, Beschattung und verminderter Arrondierung.[48]

Der Flächenverbrauch ist regional unterschiedlich ausgeprägt. Es liegen große Unterschiede zwischen West- und Ostdeutschland, aber auch zwischen einzelne Regionen in beiden Teilen Deutschlands vor.[49] In Abbildung 2 ist der Anteil der Siedlungs- und Verkehrsfläche an der Gesamtfläche in Deutschland abgebildet.

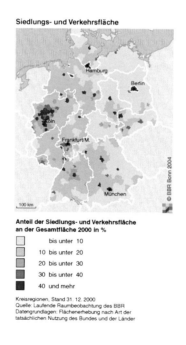

Abbildung 2: Siedlungs- und Verkehrsfläche in Deutschland[50]

---

[47] Vgl. Oertel (2002), S. 4.
[48] Vgl. Friedrichs (2009), S. 33.
[49] Vgl. Siedentop et al. (2003), S. 79 f.
[50] Vgl. BBR (2005), S. 18.

Durch die mit dem Bevölkerungs-, Wirtschafts- und Einkommenswachstum einhergehende Ausdehnung der Siedlungs- und Verkehrsfläche wächst die Zahl der potentiellen Bodennutzer eines Gebietes. Den Preismechanismen aus Angebot und Nachfrage folgend steigt dadurch der Bodenpreis. Die Nachfrager bzw. Nutzer des Bodens werden so dazu veranlasst, mit der knapper werdenden Ressource rationell umzugehen. Es kommt daher zu einem Verdrängungsdruck von höherwertigen auf niederwertigere Formen der Bodennutzung.[51] Die Nutzung für siedlungswirtschaftliche Zwecke ist der Landwirtschaft dabei selbst unter besonders günstigen landwirtschaftlichen Produktionsbedingungen aus ökonomischer Sicht überlegen.[52] Der Verdrängungsdruck auf die landwirtschaftliche Flächennutzung besteht einerseits durch die Umwidmung in Siedlungs- und Verkehrsfläche. Zum anderen entsteht parallel dazu aber auch ein interlandwirtschaftlicher Verdrängungsdruck in Richtung rentablerer Formen der Landwirtschaft.[53]

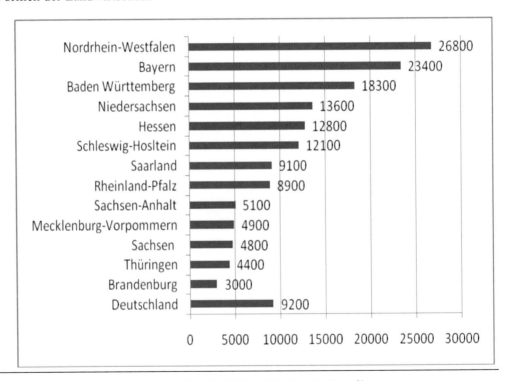

Abbildung 3: Bodenpreise landwirtschaftlicher Flächen in Euro[54]

---

[51] Vgl. Wachter (1993), S. 97.
[52] Vgl. Heidrich (1983), S. 92.
[53] Vgl. Knauer (1993), S. 42.
[54] Vgl. DBV (2009a), S. 84.

In Abbildung 3 sind die Bodenpreise für landwirtschaftliche Fläche in den einzelnen Bundesländern Deutschlands im Jahr 2007 aufgeführt. Es bestehen zum Teil erhebliche Preisunterschiede. Die Bundesländer mit dem höchsten Flächenverbrauch weisen dabei gleichzeitig die höchsten Bodenpreise auf. Der Wert des Bodens ist zwar kein monokausales Resultat des Besiedlungsgrades, da ein wesentlicher Bewertungsfaktor die ackerbauliche Güte ist. Dennoch werden die höchsten Bodenpreise vor allem dort erzielt, wo die außerlandwirtschaftliche Nachfrage besonders hoch ist.[55]

Die außerlandwirtschaftlichen Opportunitätskosten als Grund für Betriebsausgaben werden durch hohe Bodenpreise verstärkt. In Regionen mit hohem Flächenverbrauch besteht somit ein verstärkter Anpassungsdruck auf die landwirtschaftliche Bodennutzung. Der Strukturwandel wird dadurch im Vergleich zu ländlicheren Gebieten forciert.[56]

Die quantitative Ausdehnung der Siedlungs- und Verkehrsfläche beinhaltet zudem eine qualitative Dimension. Siedlungsursprünge liegen meist inmitten von fruchtbarem Ackerland.[57] Bei der Ausdehnung der Siedlungs- und Verkehrsfläche werden diese furchtbaren, aus landwirtschaftlicher wie aus ökologischer Sicht wertvollen Böden überbaut und fallen dadurch aus der Produktion. Für Baden-Württemberg konnte exemplarisch nachgewiesen werden, dass sowohl Böden mit hoher ackerbaulicher Qualität als auch Böden mit hoher biologische Aktivität deutlich höhere Bebauungsgrade aufweisen als Böden minderer Qualität.[58] Eine weitere Untersuchung belegt, dass in Regionen mit Bodenwertzahlen[59] von über 70 der Bebauungsgrad mit 16% deutlich höher ausfällt als in Regionen mit weniger wertvollen Böden. Hier sind nur etwa 10% der Freifläche überbaut.[60] Böden mit hoher natürlicher Fruchtbarkeit machen nur etwa 18% der Fläche Deutschlands aus. Zwischen 1997 und 2001 entfielen zwei Drittel des gesamten Flächenverbrauchs auf diese Böden.[61] Die Fläche wird somit an der ökologisch falschen Stelle verbraucht.[62]

---

[55] Vgl. DBV (2009a), S. 85.

[56] Vgl. Lohrberg (2001), S. 98.

[57] Vgl. Plank & Ziche (1979), S. 29.

[58] Vgl. Sachs et al. (2003), S. 30 f.

[59] Die Bodenwertzahl ist Ausdruck der ackerbaulichen Güte des Bodens und folgt einer Skala von 7–100.

[60] Vgl. Siedentop (2005), S. 16.

[61] Vgl. BBR (2007), S. 141.

[62] Vgl. Schenkel (2002), S. 9.

3.3 Auswirkungen der strukturellen Veränderungen

Die Ausdehnung der Siedlungs- und Verkehrsfläche bewirkt einen Rückgang der Artenvielfalt im gesamten Naturhaushalt.[63]

Ein Ökosystem als Baustein des Naturhaushaltes zeichnet sich durch das Beziehungsgefüge der in ihm lebenden Organismen zu ihrer belebten und unbelebten Umwelt aus. Maßgeblich werden die Prozesse dabei durch die Diversität der Arten bestimmt.[64] Da das Netz aus ökologischen Interaktionen in artenreichen Lebensräumen stärker verflochten ist, wirkt sich eine hohe Biodiversität positiv auf die Stabilität eines Ökosystems aus. Störungen können besser abgefangen und ausgeglichen werden. Ein hohes Artenreichtum ist daher ein entscheidendes Kriterium für ein natürliches Ökosystem in seiner Bestrebung nach dauerhaftem Bestehen.[65]

Agrarökosysteme stellen eine besondere Form des Ökosystems dar. Sie sind vom Menschen geformt und dienen der Produktion von Kulturpflanzen auf dafür geeigneten Standorten.[66] Daher handelt es sich um ein Nutzökosystem, in das der Mensch eingreift, um den Ertrag für seine Zwecke zu maximieren.[67] Im Gegensatz zu natürlichen Ökosystemen existieren Agrarökosysteme meist nur für eine bestimmte Dauer, bevor sie durch menschliche Eingriffe umgestaltet werden. Die diversitätsinduzierte Stabilität verliert in einem Agrarökosystem gegenüber eines natürlichen Ökosystems daher an Relevanz. Trotzdem muss ein Agrarökosystem in der Lage sein, sich den annähernd jährlich ändernden Anbaubedingungen anzupassen. Eine ausreichend hohe Artenvielfalt ist daher unabdingbar.[68]

Das Agrarökosystem steht in vielfältigen Austauschprozessen mit seiner angrenzenden Umwelt.[69] Es setzt sich neben den angebauten Kulturpflanzen weiterhin aus Wildpflanzen und -Tieren zusammen. Diese erfüllen eine Reihe wichtiger Funktionen wie die Stimulation von Wachstumsprozessen und das Bestäuben der Blütenstände. Zudem wirken Tiere und Insekten als Nützlinge einem unerwünscht hohen

---

[63] Vgl. Roth et al. (2006), S. 145.
[64] Vgl. Martin & Sauerborn (2006), S. 14.
[65] Vgl. Heyer & Christen, (2005), S. 31.
[66] Vgl. Maritn & Sauerborn (2006), S. 15.
[67] Vgl. Heyer & Christen (2005), S. 70.
[68] Vgl. Heyer & Christen (2005), S. 31.
[69] Vgl. Knaur (1993), S. 60.

Schädlingsdruck entgegen.[70] Entscheidend für die Biodiversität eines Agrarökosystems sind daher vor allem auch die Diversität und die Strukturen angrenzender Lebensräume.

Eine allgemeine Abnahme der Biodiversität im Naturhaushalt kann sich über die vielfältigen Wechselbeziehungen zwischen den Ökosystemen auch auf die Biodiversität in Agrarökosystemen auswirken.[71]

Es ist jedoch zu beachten, dass der Artenrückgang durch die Landwirtschaft selbst stärker verursacht wird als durch die Ausdehnung der Siedlungs- und Verkehrsfläche.[72] Traditionelle Formen der vorindustriellen Landwirtschaft waren eine wichtige Vorraussetzung für die Entstehung der diversen europäischen Kulturlandschaften. Der in der zweiten Hälfte des 20. Jahrhunderts etablierte intensive Ackerbau führte unter dem gezielten Einsatz industrieller Produkte wie Mineraldünger, chemischem Pflanzenschutz und Agrartechnik bei gleichzeitiger Veränderung der Flur zu einem deutlichen Rückgang der Artenvielfalt im Naturhaushalt.[73] Dennoch ist der Artenverlust durch den wachsenden Flächenverbrauch als ein Faktor im Wirkungsgefüge zu berücksichtigen.

Wesentlich direkter und eindeutiger ist die Landwirtschaft durch die strukturellen Veränderungen und Erweiterungen des Wegenetzes betroffen. Fahrverbote für den landwirtschaftlichen Verkehr, Lastbeschränkungen oder Hindernisse zur Verkehrsberuhigung können dabei zu wirtschaftlichen Nachteilen für landwirtschaftliche Betriebe durch erschwerte Mobilität führen.[74]

3.4 Auswirkungen des indirekten Flächenbedarfs

Durch die über die physischen Grenzen des Flächenverbrauchs hinausgehenden Wirkungen werden landwirtschaftliche Böden mit Schadstoffen belastet. Relevante Stoffgruppen sind dabei Schwermetalle, persistente organische Umweltchemikalien und säurebildende Substanzen. Als Bodenbelastung wird die Beeinträchtigung natürlicher Bodenfunktionen durch das Vorhandensein bestimmter chemischer Verbindungen verstanden. Auch Pflanzen können durch erhöhte Schadstoffwerte im Boden in ihrer

---

[70] Vgl. Heyer & Christen (2005), S. 39.
[71] Vgl. Martin & Sauerborn (2006), S. 60.
[72] Vgl. Haber & Salzwedel (1992), S. 65.
[73] Vgl. Flade et al. (2003), S. 9-11.
[74] Vgl. Friedrichs (2009), S. 33.

Funktion und ihrer Entwicklung gestört werden. Außerdem ist mit einer Aufnahme verschiedener Schadstoffe in die Pflanzen zu rechnen.[75] Über die Wirkungspfade Boden-Pflanze und Boden-Pflanze-Tier können diese Schadstoffe über die Ernährung auch in den menschlichen Organismus gelangen.[76] Die Belastung der Böden erfolgt bei der Ablagerung von in die Atmosphäre emittierten Schadstoffen sowie bei einer direkten Ausbringung der Schadstoffe. Gasförmige Schadstoffe werden über weite Distanzen verlagert.[77] In unmittelbarer Umgebung von schadstoffemittierenden Industrie- oder Hüttenanlagen, in Ballungsgebieten und an vielbefahrenen Straßen ist die Belastung von Böden jedoch besonders stark.[78] In verschiedenen Studien wurde festgestellt, dass ein starkes Gefälle in der Schadstoffbelastung von Böden zwischen Ballungsgebieten und ländlichen Räumen in Deutschland vorliegt. Die Konzentration einiger Schwermetalle im Boden ist in dicht besiedelten Regionen oft um ein Vielfaches erhöht.[79] Gleiches gilt auch für andere Schadstoffe.[80] Entlang von Straßen konzentriert sich die Belastung von Böden mit Schwermetallen auf einen ca. 1 m breiten Streifen. Mit zunehmender Entfernung zur Fahrbahn nimmt die Kontamination deutlich ab. Entlang von Autobahnen ist die Belastung besonders hoch. Bei anderen Schadstoffen sind keine Bereiche erhöhter Konzentration durch den Straßenverkehr nachzuweisen.[81]

Die Gesamtfläche mit erhöhter Schadstoffbelastung von Böden und Pflanzen wird in Deutschland auf rund 1 Mio. ha geschätzt.[82] Welcher Anteil davon auf landwirtschaftliche Standorte entfällt, ist nicht bekannt. Wie stark ein bestimmter Boden durch stoffliche Belastungen in seiner Funktionsfähigkeit eingeschränkt wird, hängt maßgeblich von bodenspezifischen Eigenschaften ab. Gleiche Stoffmengen erzielen auf verschiedenen Böden sehr unterschiedliche Wirkungen.[83] Auch Pflanzen reagieren unterschiedlich auf Schadstoffe. Hinsichtlich der Aufnahme von Schwermetallen beispielsweise bestehen Unterschiede sowohl zwischen einzelnen Pflanzenarten als

---

[75] Vgl. BVB (2000), S. 11.
[76] Vgl. UBA (2009).
[77] Vgl. Hackenberg & Wegener (1999), S. 85.
[78] Vgl. Scheffer & Schachtschabel (2002), S. 366 f.
[79] Vgl. Scheffer & Schachtschabel (2002), S. 368.
[80] Vgl. Hackenberg & Wegener (1999), S. 85.
[81] Vgl. Hoffmann et al. (1989), S. 6 f.
[82] Vgl. Hackenberg & Wegener (1999), S. 85.
[83] Vgl. BVB (2000), S. 9.

auch zwischen verschiedenen Sorten der gleichen Art. Das Ausmaß der Anreicherung innerhalb der Pflanzen variiert zudem zwischen einzelnen Pflanzenteilen.[84]

Von den indirekten Auswirkungen des Flächenverbrauchs ist die Landwirtschaft also vor allem in der Nähe der direkten Flächenbeanspruchung betroffen. Dass die Auswirkungen aus landwirtschaftlicher Sicht teilweise auch positiv bewertet werden können, zeigt das Beispiel Schwefel. Die ausreichende Versorgung der Pflanzen mit dem Nährstoff war in vielen Gebieten Europas bis 1990 durch Schwefeldioxidemissionen sichergestellt.[85] Aufgrund verbesserter Technologie und strengeren gesetzlichen Bestimmungen gehen die Schadstoffemissionen seit Mitte der 1980er in Deutschland zurück.[86] Mit der Abnahme der Schwefeldioxidemissionen durch die eingeführte Abgasentschwefelung müssen Kulturpflanzen heute mit Schwefeldünger versorgt werden.[87]

Der Rückgang der Schadstoffe im Boden findet verzögert zum Rückgang der atmosphärischen Emissionen statt.[88] Es ist daher mit einer Abnahme der zusätzlichen Belastung landwirtschaftlich genutzter Flächen durch Emissionen der Siedlungs- und Verkehrsfläche zu rechnen.

Analog zu den landschaftsstrukturellen Veränderungen durch den Flächenverbrauch muss jedoch auch hier darauf hingewiesen werden, dass die Landwirtschaft selbst zu einer Kontamination der Böden mit Schadstoffen beiträgt. Dies geschieht vor allem in Form von Schadstoffen, die dem Boden bei der Ausbringung von Dünge- und Pflanzenschutzmitteln zugeführt werden.[89]

3.5 Landwirtschaft in Verdichtungsräumen

Durch die Ausdehnung der Siedlungs- und Verkehrsfläche und der damit einhergehenden Suburbanisierung wird Landwirtschaft immer häufiger auch dort betrieben, wo eine enge Verzahnung zwischen Freiraum und Bebauung besteht.[90]

---

[84] Vgl. BVB (2000), S. 55 f.

[85] Vgl. Scheffer & Schachtschabel (2002), S. 358.

[86] Vgl. Hackenberg & Wegener (1999), S. 86, UBA (2007), S. 10.

[87] Vgl. Scheffer & Schachtschabel (2002), S. 322 f.

[88] Vgl. Hackenberg & Wegener (1999), S. 95.

[89] Vgl. Haber & Salzwedel (1992), S. 98, 102.

[90] Vgl. Lohberg (2001), S. 1.

Verdichtungsräume zeichnen sich durch eine durchschnittlich hohe Wirtschaftsleistung aus. Das Einkommensniveau ist hoch und führt zu einer entsprechenden Kaufkraft, die sich wiederum in gesteigerten Bodenpreisen widerspiegelt.[91] Aus Sicht der landwirtschaftlichen Produktion steigen dadurch die Opportunitätskosten für den Produktionsfaktor Boden. Durch ein hohes Angebot an außerlandwirtschaftlicher Beschäftigung gilt gleiches für den Faktor Arbeit.[92] Weitere Merkmale der Verdichtungsräume hinsichtlich der Landwirtschaft sind die räumlich ungünstige Verteilung der Produktionsflächen bei gleichzeitiger Nähe zum Absatzmarkt.[93]

Die Marktnähe und die hohen Opportunitätskosten begünstigen in Verdichtungsräumen vermehrt landwirtschaftliche Betriebe mit intensiven Produktionszweigen.[94] Bevorzugt sind dabei besonders Obst- und Gemüsebau. Die Produktion dieser Sonderkulturen ist nicht auf große Flächen angewiesen. Außerdem sind die produzierten Erzeugnisse aufwendig zu transportieren, erzielen dabei aber hohe Verkaufserlöse.[95]

Durch die enge räumliche Einbindung der landwirtschaftlichen Produktion im Siedlungsbereich bestehen Konfliktpotentiale zwischen landwirtschaftlichen und außerlandwirtschaftlichen Interessen. Dabei stehen die Belastung der Luft mit landwirtschaftlichen Emissionen und die gemeinsame Nutzung der Verkehrsfläche im Vordergrund. Die Luft nimmt Emissionen aus der Tierhaltung auf. Im Verdichtungsraum steht dies dem Interesse der übrigen Anlieger an möglichst unbelasteter Luft gegenüber. Es ist daher zu beobachten, dass die landwirtschaftliche Tierhaltung mit zunehmender Siedlungsdichte abnimmt.[96] Der Konflikt aus der gemeinsamen Nutzung der Verkehrsfläche erwächst aus der gegenseitigen Behinderung von landwirtschaftlichen und außerlandwirtschaftlichen Verkehrsteilnehmern, die für den jeweilig anderen eine Gefahrenquelle darstellen.[97] Trotz des aufgezeigten Konfliktpotentials wird der Anpassungsdruck auf die Landwirtschaft in Verdichtungsräumen insgesamt als positiv bewertet. Die intensive

---

[91] Vgl. Grosskopf (2005), S. 32.
[92] Vgl. Lohrberg (2001), S. 67.
[93] Vgl. Lohrberg (2001), S. 64.
[94] Vgl. Heidrich (1983), S. 67.
[95] Vgl. Lohrberg (2001), S. 64.
[96] Vgl. Heidrich (1983), S. 186 f.
[97] Vgl. Heidrich (1983), S. 220.

Produktionsausrichtung stellt einen Prozess des „Gesundschrumpfens" dar. Zurück bleiben wenige, aber konkurrenzfähige landwirtschaftliche Betriebe.[98]

---

[98] Vgl. Lohrberg (2001), S. 73.

4 Tendenzen und Lösungsansätze

4.1 Prognose des zukünftigen Flächenverbrauchs

Die Zunahme der Siedlungs- und Verkehrsfläche hat sich in den letzten Jahren im Vergleich zu den 90er Jahren etwas abgeschwächt. Dieser Trend wird durch die aktuellste Erhebung von 2007 bestätigt. Es lässt sich jedoch nicht eindeutig klären, ob der Rückgang auf eine konjunkturell bedingte Abnahme der Bauaktivitäten zurückzuführen oder als Ausdruck eines längerfristigen Trends zu verstehen ist.[99]

Die Berechnungen zur Prognose des zukünftigen Flächenverbrauchs basieren auf der Beobachtung von gesellschaftlichen und wirtschaftlichen Entwicklungstendenzen. Es wird davon ausgegangen, dass die Bevölkerung in Deutschland bis 2020 nicht mehr oder nur noch sehr geringfügig wächst.[100] Die Zahl der Haushalte bleibt dabei stabil während die Anzahl der Personen pro Haushalt weiter abnimmt. Die Wohnflächennachfrage steigt bis 2020 also weiterhin an.[101] Gleiches gilt für die Verkehrsfläche.[102] Der Zuwachs der Siedlungs- und Verkehrsfläche wird dabei nach wie vor dort zu beobachten sein, wo die Bodenpreise vergleichsweise niedrig sind. Das Umland der Agglomerationsräume sowie der ländliche Raum unterliegen daher auch in Zukunft einer anhaltenden Suburbanisierung.[103] Die Wachstumsräume werden dabei fast ausschließlich in Westdeutschland liegen, so dass ca. 80% des zukünftigen Flächenverbrauchs auf die alten Bundesländer entfallen.[104] Für den Süden, den Südwesten und den Nordwesten wird die höchste Neuinanspruchnahme von Freifläche erwartet. Mit Ausnahme von Berlin und den angrenzenden Regionen Brandenburgs wird die größte Fläche der neuen Bundesländer einer wesentlich schwächeren bis gar

---

[99] Vgl. BBR (2005), S. 57.
[100] Vgl. BBR (2005), S.65
[101] Vgl. Jörissen & Coenen (2007), S 56.
[102] Vgl. StaBa (2006), S. 44 f.
[103] Vgl. BBR (2005), S. 58.
[104] Vgl. BBR (2005), S. 57.

keiner Suburbanisierungsdynamik mehr unterliegen[105]. Gleichzeitig wird der Brachflächenanteil innerhalb bestehender Siedlungsgebiete zunehmen.[106]

Die konkreten Prognosen der täglichen Zunahme an Siedlung- und Verkehrsfläche reichen von 60 ha/Tag[107] über 81,5 ha/Tag[108] bis zu 104 ha/Tag[109] im Jahr 2020. Für den Betrachtungszeitraum bis 2020 bleibt der Flächenverbrauch in allen drei betrachteten Prognosen auf hohem Niveau. Es ist zu erwarten, dass auch der zukünftige Flächenverbrauch zu Lasten der Landwirtschaftsfläche stattfindet.[110]

4.2 Zukünftige Herausforderungen an die Landwirtschaft

Sowohl die nationale als auch die globale Landbewirtschaftung sind mit enormen Herausforderungen konfrontiert. Die steigende Weltbevölkerung, der Klimawandel und die zunehmende Ressourcenknappheit sind dabei drei wesentliche Felder, die der landwirtschaftlichen Produktion Lösungen abverlangen.[111]

Die Weltbevölkerung wird bis zum Jahr 2050 auf bis zu 9 Milliarden ansteigen.[112] Zur adäquaten Ernährung aller Menschen ist daher eine Steigerung der globalen Lebensmittelproduktion notwendig.[113] Gleichzeitig ist die Landwirtschaft weltweit von den sich abzeichnenden globalen Klimaveränderungen betroffen. Die Agrarproduktion ist Teil des Naturhaushalts und damit eng in klimatische Prozesse eingebunden, so dass Klimaänderungen die Landwirtschaft unmittelbar betreffen.[114] Die zunehmende CO_2 Konzentration der Luft, erhöhte Temperaturen, eine Veränderung der Niederschlagsmengen und -Verteilung sowie häufiger auftretende Wetterextreme verändern dabei die Nahrungsmittelproduktion im Hinblick auf Menge, Qualität und Stabilität.[115]

---

[105] Vgl. Jörissen & Coenen (2007), S. 63.
[106] Vgl. BBR (2005), S. 66.
[107] Vgl. Distelkamp et al. (2008), S. 3.
[108] Vgl. Jörissen & Coenen (2007), S. 79.
[109] Vgl. BBR (2006), S. 57.
[110] Vgl. Lohrberg (2001), S. 103.
[111] Vgl. Pflanz (2009), S. 1.
[112] Vgl. BiB (2000), S. 21.
[113] Vgl. Schug (2008), S. 50.
[114] Vgl. FAL (2007), S. 3.
[115] Vgl. Europäische Kommission (2009), S. 3.

Auch wenn eine genaue Bewertung der Folgen aufgrund der Komplexität der klimatischen Prozesse bisher kaum möglich ist, sind bestimmte Trends abzusehen.[116] Für Deutschland ergibt sich, dass die Regionen Norddeutschlands, den Mittelgebirgen und dem Alpenraum zunächst vom Klimawandel profitieren werden. Bislang ist die Wärme in diesen Gebieten ein limitierender Wachstumsfaktor. Gleiches gilt auch für Regionen, in denen es bislang zu feucht war. Andere Teile Deutschlands hingegen werden voraussichtlich unter Wassermangel leiden, so dass sich die landwirtschaftliche Nutzbarkeit dort verschlechtert. Dazu zählen vor allem der Nordosten und Teile des Südwesten Deutschlands. In Westdeutschland wiederum könnten Starkregenereignisse in dem Maße zunehmen, dass starke Bodenerosion und Ernteausfälle auftreten können.[117] Insgesamt wird jedoch davon ausgegangen, dass die deutsche Landwirtschaft in der Lage sein wird sich gemäßigten Klimaänderungen rechtzeitig anzupassen und eventuell sogar davon zu profitieren.[118]

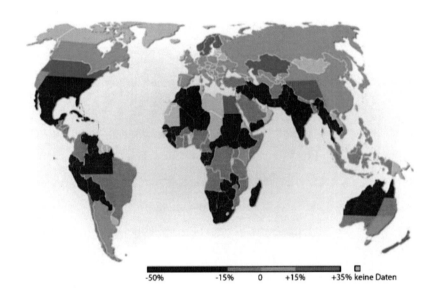

Abbildung 4: Veränderung der Agrarproduktion bis 2080 durch den Klimawandel[119]

---

[116] Vgl. FAL (2007), S. 109.
[117] Vgl. FAL (2007), S. 148.
[118] Vgl. FAL (2007), S. 192.
[119] Vgl. GRID-Arnedal (2008).

Abbildung 4 zeigt die prognostizierte Entwicklung der globalen Agrarproduktion bis 2080. Die Räume mit einer zukünftig gesteigerten Agrarproduktion konzentrieren sich vornehmlich auf die Nordhalbkugel, während für die meisten Länder der Südhalbkugel mit einem Rückgang der landwirtschaftlichen Produktion gerechnet wird. Gleichzeitig sind dieses die Regionen, auf die der Großteil des zu erwartenden Bevölkerungswachstums entfällt.[120] Das Defizit an Nahrungsmitteln könnte in den benannten Regionen der Erde also weiter steigen. Den Ländern der Gunstregionen käme dadurch eine besondere Bedeutung als Nahrungsmittelexporteure zu.[121]

Eine weitere Herausforderung an die Landwirtschaft ist die Produktion von nachwachsenden Rohstoffen für die Energieerzeugung und die industrielle Verarbeitung. In Deutschland wurden 2007 bereits auf ca. 17% der Ackerfläche Rohstoffe angepflanzt, die nicht für den menschlichen Verzehr bestimmt waren. Damit hat sich die Anbaufläche innerhalb von zehn Jahren beinahe verfünffacht.[122] Bis 2030 wird mit einer weiteren Verdoppelung der Anbaufläche auf gut 4 Mio. ha gerechnet.[123] Eine Nutzungskonkurrenz landwirtschaftlicher Böden zwischen Nahrungsmittel- und Rohstoffproduktion kommt.[124]

Bisher konnte die Produktivität in der landwirtschaftlichen Erzeugung kontinuierlich gesteigert werden.[125] Eine Fortsetzung dieses Trends wird auch für die Zukunft erwartet. Wie die Entwicklung dabei ausfallen wird ist jedoch unbekannt, zumal in jüngster Vergangenheit tendenziell ein Rückgang der Produktivitätszuwächse zu beobachten war.[126] Eine Erhöhung der Produktivität durch die Ausdehnung der Ackerfläche ist zudem nur in sehr begrenztem Umfang möglich. Die weltweite Ackerfläche kann nur unwesentlich erhöht werden. Das meiste fruchtbare Ackerland wird heute bereits bewirtschaftet.[127]

Vor diesem Hintergrund schränkt jeder weitere Flächenverbrauch in Deutschland die zukünftigen Handlungsoptionen der Landwirtschaft zur Bewältigung der sich

---

[120] Vgl. BiB (2000), S. 5.
[121] Vgl. von Witze (2008), S. 8, UBA (2003), S. 116.
[122] Vgl. DBV (2007), S. 19.
[123] Vgl. FAL (2007), S. 77.
[124] Vgl. Bajorat (2007), S. 21.
[125] Vgl. DBV (2009a), S. 16.
[126] Vgl. von Witze (2008), S. 5.
[127] Vgl. Töpfer (2002), S. 1.

abzeichnenden Herausforderungen ein. Gerade weil der deutschen Landwirtschaft gute Möglichkeiten zur Adaption an die sich ändernden Klimaverhältnisse attestiert werden ist es sinnvoll, hier mit den fruchtbaren Böden sorgsam hauszuhalten.

4.3   Flächenhaushaltspolitik: Politische Zielsetzung und Reformvorschläge

Die Thematik des Flächenverbrauchs ist auf Seiten der Politik spätestens seit den frühen 70er Jahren bekannt, als der Naturschutz verstärkt ins Interesse der Öffentlichkeit drang.[128] In der 1985 vorgelegten Bodenschutzkonzeption sprach sich die damalige Bundesregierung für eine Trendwende der Flächeninanspruchnahme und der Zerschneidung von Landschaften aus.[129] Das Konzept der nachhaltigen Entwicklung, bei der die Befriedigung der Bedürfnisse heutiger Generationen die Handlungsoptionen zukünftiger Generationen nicht einschränken[130], wurde 1994 durch den Artikel 20a des Grundgesetzes für die Bundesrepublik geltend gemacht.[131] Auch andere Gesetze zielen auf einen sparsamen Umgang mit Böden und Freiflächen ab. Das Raumordnungsgesetz sieht unter anderem eine ausgewogene Siedlungs- und Freiraumstruktur, die Funktionsfähigkeit des Naturhaushalts im besiedelten und unbesiedelten Bereich sowie die Präferenz von innerörtlichem Baulandpotential vor der Inanspruchnahme von Freiflächen vor.[132] Weiterhin sind durch das „Gesetz zum Schutz vor schädlichen Bodenveränderungen und zur Sanierung von Altlasten" von 1998 die in Kapitel 1 erläuterten Funktionen von Böden in Deutschland geschützt.[133]

Im Jahre 2002 verabschiedete die Bundesregierung eine Nationale Nachhaltigkeitsstrategie. Darin wird ein Zielwert der Neuinanspruchnahme von Freiflächen auf 30 ha/Tag im Jahr 2020 festgelegt.[134] Eine bundesweit einheitliche Strategie zur Umsetzung des Ziels liegt jedoch noch nicht vor.[135] Die Ziele der Flächenhaushaltspolitik sind dabei nicht nur ökologisch motiviert. Auch ökonomische

---

[128] Vgl. Tesdorpf (1984), S. 5.
[129] Vgl. Jaeger (2001), S. 27.
[130] Vgl. Bundesregierung (2002), S. 1.
[131] Vgl. Dosch (2002), S. 31.
[132] Vgl. ROG § 2 mit letzter Änderung vom 22.12.2008.
[133] Vgl. Scheffer & Schachtschabel (2002), S. 4.
[134] Vgl. Bundesregierung (2002), S. 288.
[135] Vgl. StaÄL (2008), S. 77.

Aspekte gebieten einen sparsameren Umgang mit der Freifläche. Hervorzuheben sind dabei vor allem die Folgekosten der unausgelasteten Infrastruktur bei einer gering verdichteten Siedlungsweise, gerade im Hinblick auf eine tendenziell abnehmende Bevölkerung.[136]

Das Ziel eines stark reduzierten Flächenverbrauchs konnte bisher nicht umgesetzt werden, obwohl der rechtliche Rahmen zur Steuerung der Flächeninanspruchnahme auf das gewünschte Maß in Deutschland als ausreichend gilt.[137] Die anhaltend hohe Flächenumwidmung wird daher nicht auf den Mangel an planerischen Instrumenten, sondern auf den beschränkten Willen zur Umsetzung auf Seiten der Planungsträger zurückgeführt.[138] Gemäß seiner Multifunktionalität werden an die Ressource Boden von vielen Seiten Nutzungsansprüche gestellt. Der Versuch einer Steuerung der Flächenbeanspruchung erfährt daher erheblichen gesellschaftlichen Widerstand.[139] Zudem ist der Flächenverbrauch ein typisches Umweltproblem. Die Inanspruchnahme von Freifläche ist ein schleichender Belastungsprozess, der, im Kontrast zur Wasser- und Luftverschmutzung, zunächst kaum wahrnehmbare Folgen für die Umwelt hat. So kommt es, dass bei wichtigen staatlichen und gesellschaftlichen Akteuren nur ein unzureichendes Problembewusstsein vorherrscht.[140]

Es wird daher vorgeschlagen, das geltende Planungsrecht durch ein Bündel von Maßnahmen zu ergänzen.[141] Da Flächen zur Bebauung primär aus ökonomischer Motivation nachgefragt wird, soll dieses Maßnahmenbündel vor allem auf ökonomischen Instrumenten basieren.[142] Dabei wird zwischen mengensteuernden Ansätzen wie handelbaren Flächenkontingenten und preissteuernden Ansätzen wie einer Baulandausweisumlage oder einer Neuerschließungsabgabe unterschieden.[143] Zusammen mit einem Einbau quantitativ verbindlicher und durchsetzbarer Vorgaben in

---

[136] Vgl. Siedentop (2008), S. 787.

[137] Vgl. NBBW (2004), S. 25, Jörissen & Coenen (2007), S. 257.

[138] Vgl. Jörissen & Coenen (2007), S. 258.

[139] Vgl. NBBW (2004), S. 25.

[140] Vgl. Jörissen & Coenen (2007), S. 259.

[141] Vgl. Schenkel (2002), S. 11, Jörissen & Coenen (2007), S. 264.

[142] Vgl. NBBW (2004), S. 30.

[143] Vgl. Jörissen & Coenen (2007), S. 262, IÖR (2005), S. 32.

die vorhandenen Planungsinstrumente soll so dass langfristige Ziel einer nachhaltigen Bodennutzung erreicht werden.[144]

Des Weiteren wird eine Reform der kommunalen Finanzierung vorgeschlagen. Den Gemeinden soll so der Anreiz zur Ausweisung von neuem Bauland zur Steigerung der Steuereinnahmen genommen werden.[145] Vielmehr soll die zukünftige Bereitstellung von Siedlungsfläche durch so genanntes „Flächenrecycling" zunehmend auf innerörtlichen Brachflächen stattfinden.[146]

Dass sich das deutsche Ziel der Nachhaltigkeitsstrategie mit einer Flächeninanspruchnahme von 30 ha/Tag als durchaus realistische erweist, zeigt die Situation des Flächenverbrauchs in England. Dort wird das deutsche Ziel für 2020 bereits heute unterschritten[147], auch weil die Freifläche in England unter stärkerem rechtlichen Schutz steht.[148]

---

[144] Vgl. NBBW (2004), S. 29.

[145] Vgl. UBA (2003), S. 149.

[146] Vgl. BBR (2006b), S. 22 f.

[147] Vgl. SRU (2004), S. 166.

[148] Vgl. UBA (2004), S. 7.

5 Fazit

Der Flächenverbrauch ist eine Begleiterscheinung der ökonomischen und gesellschaftlichen Entwicklung von der Agrar- über die Industrie- hin zur Dienstleistungsgesellschaft. Das Bevölkerungs- und Wirtschaftswachstum sowie ein steigender Wohlstand erzeugten dabei eine erhöhte Flächennachfrage für Bautätigkeiten und Verkehr. Der Flächenverbrauch ging bzw. geht dabei zu Lasten der Landwirtschaftsfläche. Starke Produktivitätssteigerungen im Agrarsektor ermöglichten jedoch eine konstant hohe Selbstversorgung mit Nahrungsmitteln bei stetig sinkender Flächenverfügbarkeit.[149] Das Bestreben nach Selbstversorgung mit Grundnahrungsmitteln als zentraler Aspekt der GAP konnte somit trotz der hohen Umwidmung von Landwirtschaftsflächen realisiert werden.[150]

Vom Flächenverbrauch betroffen ist die Landwirtschaft vor allem dort, wo unmittelbar Agrarstandorte für Siedlungs- und Verkehrsfläche beansprucht werden. Für einzelne Landwirte können sich dabei eine Reihe wirtschaftlicher Nachteile bzw. hohe außerlandwirtschaftliche Opportunitätskosten ergeben, die den Strukturwandel der Landwirtschaft in den betroffenen Gebieten beschleunigen.

Die Beeinträchtigung der Landwirtschaft durch Schadstoffe und landschaftsstrukturelle Veränderungen, die von der Siedlungs- und Verkehrsfläche ausgehen, sind schwer einheitlich zu bewerten. Die Schadstoffbelastung ist räumlich begrenzt und stark von standort- und emissionsspezifischen Faktoren abhängig. Zudem wird sie von der landwirtschaftlichen Bodenkontamination überlagert. Ähnliches gilt für die landschaftszerschneidende Wirkung der Siedlungs- und Verkehrsflächen. Der Rückgang der Biodiversität im Naturhaushalt wird stärker von den modernen Formen der Landwirtschaft als vom Flächenverbrauch verursacht.

Eine Reduzierung des Flächenverbrauchs wird seit längerem von verschiedenen Seiten gefordert. Zentrales Argument ist dabei die verminderte Leistungsfähigkeit des Naturhaushalts durch die Abnahme von Freifläche. Zunehmend sprechen jedoch auch ökonomische Aspekte für eine geringere Flächeninanspruchnahme. Seit 2002 ist die

---

[149] Vgl. Spitzer (1991), S. 163, DBV (2009), S. 16.
[150] Vgl. Europäische Kommission (2005), S. 1.

Reduzierung des Flächenverbrauchs in der Nachhaltigkeitsstrategie der Bundesregierung politisch verankert. Aus Sicht einer nachhaltigen Gesamtentwicklung wird eine anhaltende Abnahme von Freifläche als problematisch bewertet, da so die Entwicklungsmöglichkeiten zukünftiger Generationen eingeschränkt werden. Dieses trifft gerade auch für die Landwirtschaft zu. Die Agrarproduktion steht weltweit vor einer Reihe bedeutender Herausforderungen. Ein anhaltender Verlust an fruchtbaren Ackerstandorten in Ländern mit günstigen Produktionsbedingungen mindert die zukünftigen Handlungs- und Anpassungsoptionen der Agrarproduktion. Eine deutliche Begrenzung des Flächenverbrauchs in Deutschland liegt somit auch im Interesse des landwirtschaftlichen Sektors.

6   Literaturverzeichnis

Bajorat, H. (2007): Perspektiven der Energiepflanzen und mögliche Nutzungskonkurrenz aus Sicht des BMELV. Bundesministerium für Ernährung, Landwirtschaft und Verbraucherschutz (Hrsg.). Berlin.

BBR (2003): www.bbsr.bund.de/nn_23502/BBSR/DE/Veroeffentlichungen/Berichte/2000 __2005/Bd16BaulandImmobilienmaerkte2003.html (Datum des Zugriffs: 29.06.09).

BBR (2005): Raumordnungsbericht 2005. Bonn.

BBR (2006a): www.bbr.bund.de/cln_015/nn_21994/BBSR/DE/Fachthemen/Fachpolitiken/ FlaecheLandschaft/Flaechenmonitoring/FlaechenmonitoringimDetail/Flaechenmonitoring__ im__Detail.html# doc83732bodyText1 (Datum des Zugriffs: 15.06.2009).

BBR (2006b): Mehrwert für Mensch und Stadt: Flächenrecycling in Stadtumbauregionen. Berlin.

BBR (2007): Nachhaltigkeitsbarometer Fläche – Regionale Schlüsselindikatoren nachhaltiger Flächennutzung für die Fortschrittsberichte der Bundesregierung. Forschungen, Heft 130. Bonn.

BiB (2000): Bevölkerung. Wiesbaden.

Bundesregierung (2002): Perspektiven für Deutschland. Unsere Strategie für eine nachhaltige Entwicklung. Berlin.

BVB (2000): Böden und Schadstoffe. Berlin.

DBV (2007): Klima-Report der Land- und Forstwirtschaft. Berlin.

DBV (2009): Situationsbericht 2009. Trends und Fakten zur Landwirtschaft. Berlin.

Distelkamp, M., Lutz, C., Ulrich, P., Wolter, M. (2008): Entwicklung der Flächeninanspruchnahme für Siedlung und Verkehr bis 2020. Ergebnisse des regionalisierten Modells PANTA RHEI REGIO. Gesellschaft für Wirtschaftliche Strukturforschung mbH (Hrsg.). Osnabrück.

Dosch, F. (2002): Auf dem Weg zu einer nachhaltigen Flächennutzung? In: Informationen zur Raumentwicklung, Heft 1/2 2002, S. 31-44. Bonn.

Eckart, K., Wollkopf, H. u.a. (1994): Landwirtschaft in Deutschland. Veränderungen der regionalen Agrarstruktur in Deutschland zwischen 1960 und 1992. Buchholz, H., Grimm, F. (Hrsg.): Beiträge zur Regionalen Geographie. Leipzig.

Ehlers, E. (2008): Das Anthropozän. Die Erde im Zeitalter des Menschen. Darmstadt.

Europäische Kommission (2005): GAP - Die Gemeinsame Agrarpolitik erklärt. Eugène Leguen de Lacroix (Hrsg.). Brüssel.

Europäische Kommission (2009): Arbeitsdokument der Kommissionsdienststellen zum Weißbuch über die Anpassung an den Klimawandel. Anpassung an den Klimawandel: Eine Herausforderung für die Landwirtschaft und ländliche Gebiete in Europa. Brüssel.

FAL (2007): Analyse des Sachstands zu Auswirkungen von Klimaveränderungen auf die deutsche Landwirtschaft und Maßahmen zur Anpassung. Braunschweig.

Flade, M., Plachter, H., Henne, E., Anders, K. (2003): Naturschutz in der Agrarlandschaft. Ergebnisse des Schofheide-Chorin-Projektes. Wiebelsheim.

Fridrichs, J. (2009): So wahren Sie Ihre Interessen. In: DLG Mitteilungen 05/09. Frankfurt/Main. S. 32-33.

GRID-Arnedal (2008): maps.grida.no/go/graphic/projected-agriculture-in-2080-due-to-climate-change (Datum des letzten Aufrufs: 17.06.2009).

Grosskopf, W. (2005): Bedeutungswandel der Landwirtschaft in Verdichtungsräumen. In: Agrarsoziale Gesellschaft e.V. (Hrsg.): Landwirtschaft in Verdichtungsräumen. Göttingen. S. 27-40.

Haber, W., Salzwedel, J. (1992): Umweltprobleme der Landwirtschaft – Sachbuch Ökologie. Rat der Sachverständigen für Umweltfragen (Hrsg.). Stuttgart.

Haber, W. (1993): Ökologische Grundlagen des Umweltschutzes. Bonn.

Hackenberg, S., Wegener, H. (1999): Schadstoffeinträge in Böden durch Wirtschafts- und Mineraldünger, Komposte und Klärschlamm sowie durch atmosphärische Deposition. Witzenhausen.

Heidrich, E. (1983): Landwirtschaft in Ballungsgebieten. Bonn.

Hennings, G. (2001): Thesen zur Gewerbeflächenpolitik in Nordrhein-Westfalen. www.raumplanung.uni-dortmund.de/gwp/download/dlfiles/Publ%20ausg/thesen.pdf (Datum des letzten Aufrufs: 20.06.2009).

Henrichsmeier, W., Witzke, H. (1991): Agrarpolitik. Band 1. Agrarökonomische Grundlagen. Stuttgart.

Heyer, W., Christen, O. (2005): Landwirtschaft und Biodiversität. Zusammenhänge und Wirkungen in Agrarökosystemen. Institut für Landwirtschaft und Umwelt (Hrsg.). Bonn.

Hoffmann, G., Scholl, W., Trenkle, A. (1989): Schadstoffbelastung von Böden durch Kraftfahrzeugverkehr. In: Agrar- und Umweltforschung in Baden-Württemberg, Band 19. Stuttgart.

IÖR (2005): Beitrag naturschutzpolitischer Instrumente zur Steuerung der Flächeninanspruchnahme. Dresden.

Jaeger, J. (2001) Beschränkung der Landschaftszerschneidung durch die Einführung von Grenz- oder Richtwerten. In: Natur und Landschaft 76(1). S. 26-34.

Jörissen, J., Coenen, R. (2007): Sparsame und schonende Flächennutzung: Entwicklung und Steuerbarkeit des Flächenverbrauchs. Berlin.

Junker, T. (2006): Die Evolution des Menschen. München.

Knauer, N. (1993): Ökologie und Landwirtschaft. Situationen, Konflikte, Lösungen. Stuttgart.

Lohrberg, F. (2001): Stadtnahe Landwirtschaft in der Stadt- und Freiraumplanung. Stuttgart.

Losch, S. (2006): Raumnutzung und Raumerschließung durch den Menschen. In: Baier, H., Erdmann, F., Holz, R., Waaterstraat, A. (Hrsg.): Freiraum und Naturschutz. Die Wirkungen von Störungen und Zerschneidungen in der Landschaft. Berlin, Heidelberg. S. 55-72.

Martin, K., Sauerborn, J. (2006): Agrarökologie. Stuttgart.

NBBW (2004): Neue Wege zu einem nachhaltigen Flächenmanagement in Baden-Württemberg. Sondergutachten. Stuttgart.

Oertel, C. (2002): Betriebsaufgabe und Rückzugsstrategien in der Landwirtschaft. Hamburg.

Pflanz, W. (2009): Landwirtschaft im Umbruch – Herausforderungen und Lösungen. Tagungsbericht von den KTBL Tagen am 18./19. März 2009 in Goslar. www.landwirtschaft-mlr.baden-wuerttemberg.de/servlet/PB/show/1245727_11/LSZ_Landwirtschaft%20im%20Umbruch.pdf (Datum des letzten Aufrufs: 08.07.2009).

Plank, U., Ziche, J. (1979): Land- und Agrarsoziologie. Eine Einführung in die Soziologie des ländlichen Siedlungsraumes und des Agrarbereiches. Stuttgart.

Radkau, J. (2000): Natur und Macht. Eine Weltgeschichte der Umwelt. München.

Roth, M., Waterstraat, A., Klenke, R. (2006): Zoologisch-ökologische Grundlagen und allgemeine Wirkungen von Zerschneidung und Störung. In: Baier, H., Erdmann, F., Holz, R., Waaterstraat, A. (Hrsg.): Freiraum und Naturschutz. Die Wirkungen von Störungen und Zerschneidungen in der Landschaft. Berlin. S. 113-169.

Sachs et al. (2003): Vorprojekt zur Entwicklung und Anwendung eines räumliche differenzierten Indikatorsystems zur Messung einer nachhaltigen Entwicklung in Baden-Württemberg. Abschlussbericht, Stuttgart.

Scheffer, F., Schachtschabel, P. (2002): Lehrbuch der Bodenkunde. 15. Auflage. Stuttgart.

Schenkel, W. (2002): Nachhaltige Bodennutzung in Deutschland – Herausforderungen und Perspektiven. In: Blum, W., Kaemmerer, A, Stock, R. (Hrsg.): Neue Wege zu nachhaltiger Bodennutzung. Eine Veranstaltung der Deutschen Bundesstiftung Umwelt zur EXPO 2000. Berlin. S. 7-15.

Schaal, P. (2002): Erhalt der Freiflächen und der Bodenfunktionen –Handlungsspielräume der kommunalen Planung. In: Blum, W., Kaemmerer, A., Stock, R. (Hrsg.): Neue Wege zu nachhaltiger Bodennutzung. Eine Veranstaltung der Deutschen Bundesstiftung Umwelt zur EXPO 2000. Berlin. S. 160-172.

Scholich, D. (1999): Nutzungsanspruch Verkehr. In: Akademie für Raumforschung und Landesplanung (Hrsg.): Flächenhaushaltspolitik. Feststellungen und Empfehlungen für eine zukunftsfähige Raum- und Siedlungsentwicklung. Hannover. S. 55-67.

Schug, W. (2008): Die Entwicklung der Weltbevölkerung und die globale Nahrungsmittelversorgung. In: Journal für Verbraucherschutz und Lebensmittelsicherheit. Basel. S. 44-51.

Siedentop, S., Kausch, S., Einig, K., Gössel, J. (2003): Siedlungsstrukturelle Veränderungen im Umland der Agglomerationsräume. Hrsg.: Bundesamt für Bauwesen und Raumordnung. Bonn.

Siedentop, S. (2005): Problemdimensionen der Flächeninanspruchnahme. In: Besecke, A., Hänsch, R., Pinetzki, M. (Hrsg.): Das Flächensparbuch. Diskussion zu Flächenverbrauch und lokalem Bodenbewusstsein. Berlin.

Siedentop, S. (2008): Bedingungen und Strategien einer kosteneffizienten Siedlungsentwicklung. In: Gemeindetag Baden-Württemberg (Hrsg.): Die Gemeinde (BWGZ) 21/2008. S. 786-790.

Siedentop, S., Junesch, R, Strasser, M., Zkrzewski, P. (2009): Einflussfaktoren der Neuinanspruchnahme von Flächen. Forschungsvorhaben im Auftrag des Bundesamtes für Bauwesen und Raumordnung. Abschlussbericht. Bonn.

Spitzer, H. (1991): Raumnutzungslehre. Stuttgart.

SRU (2004): Umweltgutachten 2004. Berlin.

StaÄL (2008): Umweltökonomische Gesamtrechnungen der Länder. Düsseldorf.

StaBa (2005): Land- und Forstwirtschaft, Fischerei. Bodenfläche nach Art der tatsächlichen Nutzung. Wiesbaden.

StaBa (2006): Im Blickpunkt: Verkehr in Deutschland 2006. Wiesbaden.

StaBa (2008a): Siedlungs- und Verkehrsfläche nach Art der tatsächlichen Nutzung. Erläuterungen und Eckzahlen. Wiesbaden.

StaBa (2008b): Land- und Forstwirtschaft, Fischerei. Ausgewählte Daten der Agrarstrukturerhebung 2007. Wiesbaden.

StaBa (2009): Volkswirtschaftliche Gesamtrechnung. Bruttoinlandsprodukt, Bruttonationalprodukt, Volkseinkommen. Lange Reihen ab 1950. Wiesbaden.

StaLa BW (2005): Der Flächenverbrauch in Baden Württemberg und seine wichtigsten Bestimmungsgründe. In: Statistische Analysen 7/2005. Stuttgart.

Stahr, K., Kandeler, E., Herrmann, L., Streck, T. (2008): Bodenkunde und Standortlehre – Grundwissen Bachelor. Stuttgart.

Tesdorpf, J. (1984): Landschaftsverbrauch. Landtagsfraktion der Grünen in Baden-Württemberg (Hrsg.). Berlin.

Töpfer, K. (2002): Nachhaltige Bodennutzung als globale Aufgabe – Umweltpolitik zurück auf den Boden bringen. In: Blum, W., Kaemmerer, A, Stock, R. (Hrsg.): Neue Wege zu nachhaltiger Bodennutzung. Eine Veranstaltung der Deutschen Bundesstiftung Umwelt zur EXPO 2000. Berlin. S. 1-6.

UBA (2003): Reduzierung der Flächeninanspruchnahme durch Siedlung und Verkehr. Materialband, UB-Texte 90/03. Berlin.

UBA (2004): Hintergrundpapier: Flächenverbrauch, ein Umweltproblem mit wirtschaftlichen Folgen. Berlin.

UBA (2007): Fakten zur Umwelt 2007. Berlin.

UBA (2009): www.umweltbundesamt.de/boden-und-altlasten/boden/bodenschutz/nachsorge.htm (Datum des letzten Abrufs: 01.07.09).

Wachter, D. (1993): Bodenmarktpolitik. Bern, Stuttgart, Wien.

Waterstraat, A., Roth, M. (2006): Barriereeffekte technischer Infrastrukturelemente. In: Baier, H., Erdmann, F., Holz, R., Waaterstraat, A. (Hrsg.): Freiraum und Naturschutz. Die Wirkungen von Störungen und Zerschneidungen in der Landschaft. Berlin. S. 186-192.

Wissenschaftlicher Beirat Bodenschutz beim BMU (2000): Wege zum vorsorgenden Bodenschutz. Deutscher Bundestag (Hrsg.). Drucksache 14/2834. Berlin.

von Witze, H. (2008): Weltmärkte: Herausforderungen und Chancen für die EU-Landwirtschaft. In: Agrarische Rundschau vom 04.05.2008. Berlin.